Wiener Bergbahnen

Hotel u. Restauration Kahlenberg
WIEN · XIX · BEZ ·

Allen P.T. Gästen
in besonderer Ergebenheit zugeeignet!

GUSTAV · WETZKA

Das Lied vom Kahlenberg

Wiener Lied

von

Eduard Merkt

Musik von C. F. Rohrbeck, Kapellmeister

TANTIEMENFREI

· Fotografien aus dem Atelier Triebel ·
· XVIII, Währingergürtel · 77 ·

Eigenthum und Verlag von
GUSTAV WETZKA
Restaurateur am Kahlenberg in Wien.

DRUCK V. FR. SCHÖLER WIEN-DÖBLING

Wiener Bergbahnen

Kahlenberg · Leopoldsberg · Sophienalpe

ALBUM VERLAG

Herausgegeben von Helfried Seemann und Christian Lunzer
Texte von Richard Heinersdorff

Der Verlag dankt besonders Herrn Karl Borimann für die aus
seiner Sammlung zur Verfügung gestellten seltenen Bilder

H. Seemann und Chr. Lunzer OEG
Seilergasse 19, A-1010 Wien
Herstellung: REMA*print,* 1160 Wien
Bindung: Papyrus, 1100 Wien
Gedruckt auf Profistar PRO, 150 g/m^2,
einem Produkt der Hannover'schen Papierfabriken Alfeld-Gronau,
geliefert von STIASSNY-PAPIER, Brunn am Gebirge

Printed in Austria
ISBN 3-85164-105-1

Bildnachweis
Historisches Museum der Stadt Wien: S. 12, 30, 45, 68, 72, 75, 77
Archiv Karl Borimann: S. 8, 24, 48, 53, 70, 71, 80–84
Dr. Leopold O. Knobloch: S. 41
Alle übrigen: Archiv des Verlags

Literatur
Alfred Niel: Unvergessene alte Kahlenbergbahn. Klagenfurt, Carinthia, 1974
Hans Peter Pawlik u. Franz Raab: Kahlenbergbahn. Wien, Slezak, 1972

Umschlag: Abb. S. 31, 74, 85; Rückseite: Abb. S. 34

Inhalt

Auf der Weltausstellung in Wien im Jahr 1873 konnten Österreichs Industrie und Technik zeigen, was sie zu leisten imstande waren. Entsprechend der Unternehmerfreudigkeit, aber auch der Maßlosigkeit der Gründerzeit sollten auch gleich drei Bergbahnen einem staunenden Publikum vorgeführt werden: eine Zahnradbahn auf den Kahlenberg, eine Standseilbahn auf den Leopoldsberg und ein an Seilen geführter Schrägaufzug auf die Sophienalpe. Allerdings war nur die Standseilbahn auf den Leopoldsberg rechtzeitig fertig gestellt, die beiden anderen waren erst im Jahr 1874 fertig, als die Weltausstellung und der Börsenkrach von 1873, der „schwarze Freitag", zahllose Existenzen vernichtete.

Die Zahnradbahn auf den Kahlenberg

„Auf! zur Zahnradbahn nach Nussdorf. Höchste Eisenbahn. Bestes Pilsnerbier. Linsenmayer, Restaurateur am Zahnradbahnhof" verkünde ein Inserat in der „Neuen freien Presse" im Jahr 1874. Bis es aber so weit war, hatte die „Kahlenberg A.G." mit etlichen Schwierigkeiten zu kämpfen, deren wohl gravierendste die Beschaffung der nötigen Finanzmittel war. Das Recht auf Enteignung des für den Bahnbau nötigen Grundes wurde ihr nicht zugestanden, da es sich nicht um eine wirtschaftlich notwendige, sondern eine der Lustbarkeit und dem Vergnügen dienenden Bahn handelte. Erst im April 1873 konnte der Bau der Bahn begonnen werden, nachdem sich die Grundbesitzer ihr Eigentum mit teils horrenden Summen abkaufen ließen. Schweizer Geldinstitute sprangen in die Bresche, um die nötige Finanzierung sicherzustellen. Die knapp fünf Kilometer lange Strecke von der Talstation Nußdorf mit den Zwischenstationen Grinzing und Krapfenwaldl hatte einen Höhenunterschied von fast 300 Metern zu überwinden. Die Strecke wurde in Normalspur 1435 mm zweigleisig ausgeführt, Zahnstangen zwischen den Gleisen nach System Riggenbach verlegt. Da es zu dieser Zeit noch keine Zahnstangen-Weichen gab, mußten in den beiden Endstationen Nußdorf und Kahlenberg Schiebeweichen installiert werden. Bis 1876 konnte die Zahnradbahn ihre Passagiere nicht bis zum Kahlenberggipfel bringen, da die bereits bestehende Drahtseilbahn-Gesellschaft, der auch das Kahlenberg-Hotel gehörte, dies aus Konkurrenzgründen nicht zuließ. Aber die Drahtseilbahn war in finanziellen Schwierigkeiten, und so kaufte die Zahnradbahn kurzerhand Seilbahn und Hotel auf, stellte die Seilbahn ein und ließ die Trasse um etwa 600 Meter, aber eingleisig, verlängern. Das Stationsgebäude (und der Abort, wie akribisch vermerkt wurde) übersiedelten zum neuen Endpunkt.

Die zum Betrieb benötigten sechs Lokomotiven lieferte 1874 die Lokomotivfabrik Winterthur (Schweiz), die Kessel allerdings wurden von der Firma Fowler in Leeds (England) konstruiert. Für die Beförderung der Passagiere wurden 18 Personenwagen beschafft, die nur auf einer Seite Türen aufwiesen, die Stationsgebäude lagen alle auf der gleichen Seite. Die Wagen stammten von der Firma Milde in Hernals, weiters wurden 4 Güterwagen, 2 Zisternenwagen (zum Wassertransport auf den Kahlenberg), 1 Stangenschmierwagen und 3 Bahnmeisterwagen in den Fuhrpark aufgenommen.

Mehr schlecht als recht kam die Zahnradbahn finanziell über die Runden, auch der Zubringerdienst aus der Stadt ließ zu wünschen übrig, erst nach und nach verbesserte sich die Situation, als zunächst eine kombinierte Pferde- und Dampf-Tramwaylinie, später dann die Wiener Straßenbahn mit der Linie 36 den Anschluß verbesserte. Im Jahr 1912 gab es konkrete Pläne für eine Elektrifizierung der Zahnradbahn, die Fa. Siemens-Schuckert entwarf elektrische Triebwagen – aber das Geld für den Ankauf fehlte. Mit Ausbruch des Ersten Weltkriegs war dieses Problem vom Tisch, aber die kriegsbedingten Einschränkungen und die Wirren der Nachkriegszeit fügten der Bahn schweren Schaden zu, die Züge verkehrten nur mehr sporadisch und 1922 war es soweit, daß der Betrieb eingestellt und nicht mehr aufgenommen wurde. „Die alte Zahnradbahn g'hört längst zum alten Eisen …" – dieses sentimentale Heurigenlied war so ziemlich das einzige, das von „ihr" übrig blieb.

Die Drahtseilbahn auf den Leopoldsberg

Zwar war die Standseilbahn auf den Leopoldsberg, die sich „Drahtseilbahn Kahlenberg" nannte, die kurzlebigste von den drei Bergbahnen, aber sie war wenigstens bereits 1873 so weit fertig, daß sie den Betrieb aufnehmen konnte, während die Weltausstellung noch in vollem Gang war. Sie war zweigleisig angelegt, mit einer Spurweite von 1895 mm, und hatte zwei Wagen, die jeweils in der Tal- bzw. Bergstation standen und während der Fahrt in der Mitte der Strecke einander passierten. Jeder der Wagen konnte 90 Passagiere I., II. und III. Klasse aufnehmen. Die Trasse war 725 Meter lang und überwand einen Höhenunterschied von 300 Metern, hatte also eine Steigung von 34%. An der Bergstation befand sich das Maschinenhaus, das mit einer zweizylindrigen Dampfmaschine mit einer Leistung von 250 PS ausgestattet war und die nötige Energie lieferte. Wasser und Kohle brachten zwei Tenderwagen zur Bergstation.

In den drei Jahren ihres Bestehens hatte die Standseilbahn nur 493 Betriebstage aufzuweisen – das Interesse an der Fahrt erlahmte rasch, als die Weltausstellung ihre Pforten schloß und die ausländischen Gäste abgereist waren. Im März 1876 legte ein Erdrutsch die Strecke auf etwa 50 Meter lahm, der Betrieb wurde nicht wieder aufgenommen und die Kahlenberg-Zahnradbahn kaufte die lästige Konkurrentin, um sie für immer stillzulegen. Im Mai 1877 wurden die Reste an die Brigittenauer Maschinenfabrik Schimmelbusch verkauft und abgetragen. Aus den Ziegeln des Maschinenhauses wurde auf dem Kahlenberg die Stefaniewarte errichtet.

Der Schrägaufzug auf die Sophienalpe

Die dritte und wohl eigenartigste der drei Wiener Bergbahnen war der Schrägaufzug auf die Sophienalpe. Er war zirka 600 Meter lang, begann nahe der Rieglerhütte in Hütteldorf und überwand bis zu ihrem Endpunkt an der Restauration Sophienalpe einen Höhenunterschied von 108 Metern. Erbauen ließ 1874 die „Knöpferlbahn“ der Lokomotivfabrikant Georg Sigl, Inhaber der renommierten Lokomotivfabrik in Wiener Neustadt. Insgesamt zwölf Wagen, die in der Form offenen Fiakerwagen ähnelten, konnten in das Seil, das in der Mitte der Schienen lief und in Abständen dicke Knoten (die zuvor erwähnten „Knöpferln") hatte, eingehängt und somit befördert werden. Obwohl die Bahn einen bescheidenen Gewinn abwarf, verlor Georg Sigl bald das Interesse an ihr, und sie wurde schon 1881 wieder eingestellt und abgetragen.

Anläßlich der Eröffnung 1875 beschrieb die „Neue Illustrierte Zeitung“ die Bahn:

„Eine hochwichtige Reform in dem Wesen der auf Bergen anwendbaren Transportmittel, präsentiert sich in der, von dem bekannten Großindustriellen G. Sigl konstruierten Drahtseilbahn, von deren System eine anschauliche Probe in einer Bahn auf der Sophienalpe geboten ist. Herr Sigl hat die Drahtseilbahn, mit der er lediglich ein Muster seines Systems geben wollte, auf seiner eigenen Besitzung angelegt; am 12. September fand die technisch-polizeiliche Begehung dieser für den Personenverkehr berechneten Bahn statt, die Resultate waren glänzend.

Das System besteht darin, daß an einem zwischen zwei Geleisen unausgesetzt hin- und rücklaufenden Zugseil die Wagen einzeln aufgehängt und am Ende der Bahn wieder selbsttätig losgelöst werden. Es laufen bei vollem Betriebe demnach stets sechs Wagen aufwärts und sechs Wagen abwärts. Die das Seil in Bewegung setzenden Betriebsmaschinen stehen auf der oberen Station und sind zwei Locomobile von je zwölf Pferdekraft, von denen eine jedoch nur als Reserve dient. Die Anordnung des hin- und herlaufenden Zugseils ermöglicht für diese Bahn eine außerordentliche Leistungsfähigkeit im Verhältnis zu ihrer geringen Betriebskraft, da nicht die ganze Last in einem Moment in Gang gesetzt werden muß, sondern immer nur ein Teil derselben angehängt und ein eben solcher gleichzeitig losgelöst wird und weil ferner der Teil der Last, welcher den Weg ins Tal zurücklegt, als Gegengewicht direkt an der Beförderung des anderen Teils nach der Höhe mitarbeitet. Dieser Umstand erklärt die Tatsache, daß für den Betrieb dieser Bahn bei einer Fahrgeschwindigkeit von circa fünf Fuß per Sekunde bei ungünstigster Belastung, d.h. wenn die zur Höhe gehenden Wagen voll besetzt, die abwärts gehenden aber leer sind, nicht mehr als zwölf Pferdestärken Betriebskraft notwendig und die Kosten des Betriebs im Vergleich mit den anderen bekannten Bergbahnen also ganz außerordentlich gering sind.

So ist zum Transport einer Person im Durchschnittsgewicht von 1 Centner auf der Rigibahn 2 Pferdekraft, auf der Zahnradbahn auf den Kahlenberg 1 1/2, auf der Drahtseilbahn auf den Leopoldsberg 1 3/10 Pferdekraft erforderlich, während auf G. Sigls Seilbahn für diese Leistung nur 1/4 Pferdekraft benötigt wird.

Für den Personenverkehr ist es von Wichtigkeit, daß die Siglsche Drahtseilbahn, die eine Länge von 350 Klafter hat und ca. 250 Personen in der Stunde zu befördern im Stande ist, in immerwährender Bewegung erhalten und keinerlei Stillstand eintritt. Die bei der Leopoldsberg- und Kahlenbergbahn sowie überhaupt bei den bisherigen Bahnen sich ergebende Notwendigkeit, auf einen Zug warten zu müssen, entfällt hier vollständig.

Zu jeder Minute kann der Passagier einen Waggon dieser Bahn besteigen; letztere bietet also, neben den Vorteilen der billigen Anlage, des leichteren Betriebes, der größeren Beförderungskraft auch besondere Annehmlichkeiten für das Publicum, und man darf daher wohl annehmen, daß das Siglsche System bald alle Rivalen aus dem Felde geschlagen haben wird.“

Zug und Zahnradbahn mit Personal und Fahrgästen in der Endstation Kahlenberg, vor dem Zug die Lokomotive Nr. 4. Im Vordergrund, der Herr mit dem Sonnenschirm, ist wahrscheinlich Ing. Karl Maader, einer der Initiatoren des Unternehmens.
Die Aufnahme soll anläßlich der Übernahme des Fahrbetriebes durch die Kahlenberg-AG am 1. April 1874 gemacht worden sein.
Photo Weingartshofer.

Kahlenberg-

Giltig vom 10. April 1898

Donau-Dampfschiffahrt. Wien-Nussdorf.

Stationen	Vm. U. M.	Vm U. M.	Vm. U. M.	Vm. U. M.	Vm. U. M.	Nm. U. M.	Nm. U. M.		Nm. U. M.	Nm. U. M.		Nm. U. M.	
Wien (Stefaniebr.) Abf. **Nussdorf** . . . . Ank.													

K. k. Staatsbahn (Kaiser Franz Josef-Bahn). Wien-Nus

Wien . . . . . Abf. **Nussdorf** . . . Ank.			10.30 10.38						2.25 2.33	2.55 3.02			

Neue Wiener Tramway Schottenring-Nussdorf.

Schottenring . Abf. **Nussdorf** . . . Ank.	7.08 7.42	9.00 9.34	10.08 10.42	11.15 11.49	12.00 12.34	12.45 1.19	*Nur an Sonn- u. Feiertag.* 1.45 2.19	*Nur an Wochentagen* 1.53 2.27	2.15 2.49	*Nur an Wochentagen* 2.38 3.12	*Nur an Sonn- u. Feiertag.* 2.45 3.19	*Nur an Sonn- u. Feiertag.* 3.15 3.49	*Nur an Wochentagen*

Zahnradbahn. Nussdorf-Kahler

Zugs-Nr.	1	3	5	7	9	11	13a	13	15	17	17a	19a	19
Stationen													
			b. gst. Wttg.				bei günstiger Witterung			bei günstiger Witterung			
Nussdorf . . . Abf.	7.45	9.40	10.48	11.52	12.40	1.22	*N. a. Sonn- u. Feiertagen* 2.22	*Nur an Wochentag.* 2.30	2.52	*Nur an Wochentag.* 3.15	*N. a. Sonn- u. Feiertagen* 3.22	*Nur an Sonn- und Feiertagen* 3.52	*Nur an Wochentagen* 4
Grinzing . . . „	7.55	9.50	10.58	12.02	12.50	1.32	2.32	2.40	3.02	3.25	3.32	4.02	4
Krapfenwaldl „	8.00	9.55	11.03	12.07	12.55	1.37	2.37	2.45	3.07	3.30	3.37	4.07	4
Kahlenberg . Ank.	8.15	10.10	11.18	12.22	1.10	1.52	2.52	3.00	3.22	3.45	3.52	4.22	4

Zahnradbahn. Kahlenberg-Nuss

Zugs-Nr.	2	4	6	8a	8	10	10a	12a	12	14a	14	16a	16	18	20a	20
			b. gst. Wttg.							bei günstiger Witterung				bei günstiger Witterung		
Kahlenberg Abf.	8.30	10.25	11.30	*Nur an Sonn- und Feiertagen* 12.33	*Nur an Wochentagen* 12.40	*Nur an Wochentagen* 1.25	*Nur an Sonn- und Feiertagen* 1.30	*Nur an Sonn- und Feiertagen* 2.03	*Nur an Wochentagen* 2.10	*N. a. Sonn- u. Feiertagen* 3.03	*Nur an Wochentag* 3.15	*Nur an Sonn- und Feiertagen* 3.33	*Nur an Wochentagen* 3.40	4.03	*Nur an Sonn- und Feiertagen* 4.33	*Nur an Wochentagen* 4
Krapfenwaldl „	8.45	10.40	11.45	12.48	12.55	1.40	1.45	2.18	2.25	3.18	3.30	3.48	3.55	4.18	4.48	5
Grinzing . . „	8.50	10.45	11.50	12.53	1.00	1.45	1.50	2.23	2.30	3.23	3.35	3.53	4.00	4.23	4.53	5
Nussdorf . . Ank.	9.00	10.55	12.00	1.03	1.10	1.55	2.00	2.33	2.40	3.33	3.45	4.03	4.10	4.33	5.03	5.

Neue Wiener Tramway. Nussdorf-Schottenring.

Stationen																
Nussdorf . . . Abf. **Schottenring** . Ank.	9.06 9.40	10.59 11.33	12.06 12.40	*Nur an Sonn- u. Feiertag.* 1.06 1.40	*Nur an Wochentagen* 1.14 1.48	*Nur an Wochentagen* 1.59 2.33	*Nur an Sonn- u. Feiertag.* 2.06 2.40	*Nur an Sonn- u. Feiertag.* 2.36 3.10	*Nur an Wochentagen* 2.44 3.18	*Nur an Sonn- u. Feiertag.* 3.36 4.10	3.51 4.25	*Nur an Sonn- u. Feiertag.* 4.06 4.40	*Nur an Wochentagen* 4.14 4.48	4.36 5.10	*Nur an Sonn- u. Feiertag.* 5.06 5.40	5. 5.

K. k. Staatsbahn (Kaiser Franz Josef-Bahn). Nussdorf-W

Nussdorf . Abf. **Wien** . . . Ank.	9.13 9.20				1.19 1.25		2.08 2.15						4.23 4.30			

Donau-Dampfschiffahrt. Nussdorf-Wien.

Nussdorf . . . . Abf. **Wien** (Stefaniebr.).Ank.																

Bemerkungen:

Die Verkehrszeiten der Zahnradbahnzüge und aller übrigen Anschlüsse sind in mitteleuropäischer Zeit eingestellt, welche der Wiener Ortszeit um 5 Minuten 21 Secunden nachgeht. Die unterstrichenen Minutenziffern bedeuten di[e] … wenn Passagiere aus- oder einsteigen wollen.

J. WEINER, WIEN

senbahn.

auf Weiteres.

. M.	Nm. U. M.		Nm. U. M.		Nm. U. M.		Abds. U. M.	Abds. U. M.	Abds. U. M.
	4.30 4.38							7.00 7.08	
.45 .19	*Nur an Sonn- u. Feiertag* 4.15 4.49	4.30 5.04	*Nur an Sonn- u. Feiertag.* 4.45 5.19	*Nur an Wochentagen* 4.53 5.27	5.15 5.49		6.00 6.34	6.45 7.19	8.15 8.49
	23a	**23**	**25a**	**25**	**27**		**29**	**31**	**33**
Witterung .22 .32 .37 .52	*Nur an Sonn- und Feiertagen* 4.52 5.02 5.07 5.22	*Nur an Wochentagen* 5.10 5.20 5.25 5.40	bei günstiger Witterung *N. a. Sonn- u. Feiertagen* 5.22 5.32 5.37 5.52	*Nur an Wochentag.* 5.30 5.40 5.45 6.00	5.52 6.02 6.07 6.22		6.37 6.47 6.52 7.07	7.22 7.32 7.37 7.52	b. gst. Wttg. *N. a. Sonn- u. Feiertagen* 8.52 9.02 9.07 9.22
22	**24a**	**24**	**26a**	**26**	**28a**	**28**	**30**	**32**	**34**
Witterung *Wochentag.* 5.10 5.25 5.30 5.40	*Nur an Sonn- und Feiertagen* 5.33 5.48 5.53 6.03	*Nur an Wochentagen* 5.55 6.10 6.15 6.25	bei günstiger Witterung *N. a. Sonn- u. Feiertagen* 6.03 6.18 6.23 6.33	*Nur an Wochentag.* 6.15 6.30 6.35 6.45	*Nur an Sonn- und Feiertagen* 6.33 6.48 6.53 7.03	*Nur an Wochentagen* 6.40 6.55 7.00 7.10	7.18 7.33 7.38 7.48	8.03 8.18 8.23 8.33	b. gst. Wttg. *N. a. Sonn- u. Feiertagen* 9.33 9.48 9.53 10.03
Wochentagen 5.44 6.18	6.06 6.40	*Nur an Wochentagen* 6.29 7.03	*Nur an Sonn- u. Feiertag.* 6.36 7.10	6.51 7.25	*Nur an Sonn- u. Feiertag.* 7.06 7.40	*Nur an Wochentagen* 7.14 7.48	7.51 8.25	8.36 9.10	10.06 10.40
.08 .15						7.19 7.25	7.59 8.05	8.48 8.55	

Abends bis 5 Uhr 59 Minuten Früh. In den Stationen Grinzing und Krapfenwaldl wird nur dann angehalten,

Die Betriebsleitung.

Fahrplan der Kahlenbergbahn ab 10. 4. 1898. Bemerkenswert ist, daß auch die Anschlüsse an die Tramway, die Kaiser-Franz-Josef-Bahn (damals bereits von der k.k. Staatsbahn übernommen und betrieben) sowie von der Donau-Dampfschiffahrts-Gesellschaft verzeichnet sind.

TAURATION.

Bahnhof Nußdorf der Kahlenbergbahn mit der Lokomotive Nr. 1, zehn Personen- und zwei Güterwaggons.
Die insgesamt 18 Personenwagen, gebaut von der Hernalser Waggonbaufirma C. Milde waren einheitlich grün lackiert, je 9,28 m lang, 3,12 m breit und boten 54 Personen Platz. Acht Wagen hatten auch I. Klasse, mit ledergepolsterten Sitzen und Vertäfelung aus poliertem Nußholz. Die Fenster waren mit Jalousien verschließbar, die im Winter gegen einsetzbare Glasscheiben ausgetauscht wurden.
Jeder Waggon hatte einen eigenen Bremsersitz. Die vier niederbordigen Güterwaggons hatten ein Ladegewicht von 4,5 Tonnen, der links im Bild ist wahrscheinlich mit Fässern der Brauerei Nußdorf für des Hotel am Kahlenberg beladen.
Photo M. Frankenstein, um 1875.

Dampftramway am Nußdorfer Platz auf der Fahrt zum Bahnhof der Zahnradbahn.
Bis 1885 war die Verbindung der Bahn zur Stadt, zum Franz-Josefs-Bahnhof oder zur Dampfschiff-Station Nußdorf nur per Stellwagen möglich. Erst dann erhielt die Kahlenberg A.G. die Konzession für eine Tramwaylinie vom Schottenring, die aber die Wiener Tramway-Gesellschaft betrieb. Bis zum Linienamt (Lichtenwerderplatz) wurde sie als Pferdebahn geführt, von dort mit Dampftramway-Lokomotiven.
Die Seitenflächen der Beiwagen wurden von den Betreibern schon damals zu Werbezwecken vermietet.
Photo J. Deutsch, 1898.

Dampftramway auf der Fahrt in die Stadt zum Lichtenwerderplatz.
Räder, Zylinder und Triebwerk der Lokomotive waren hinter Abdeckplatten verborgen, um
– nach damaliger Auffassung – die Zugtiere von Pferdewagen nicht scheu zu machen.
Photo H. Nachbargauer, 1898.

Dampftramway vor dem
Bahnhof der Kahlenbergbahn.
Photo J. Schörghuber,
um 1900.

Der heute noch bestehende Bahnhof Nußdorf der Zahnradbahn.
Photo V. Angerer, 1889.

Eine der sechs Lokomotiven der Zahnradbahn der Lokfabrik Winterthur.
Die technischen Details:
Einströmrohr, Flachschieber, Stephenson-Steuerung, einschienige Kreuzkopfführung und das unter dem Kessel liegende Zahnrad sind deutlich zu erkennen. Da die maximale Steigung nur 10% betrug, ist der Kessel nicht geneigt.
Photo anonym, 1890.

Luftaufnahme der Trasse der Kahlenbergbahn.
Mitte links der Nußdorfer Platz, rechts darüber der Bahnhof der Zahnradbahn mit dem Heizhaus, dahinter die Bahntrasse Richtung Grinzing.
Im Vordergrund der Bahnhof Nußdorf mit den Gleisanlagen der Franz-Josefs-Bahn.
Photo Luftbildgesellschaft, 1919.

Bahnhof Nußdorf, geleisseitig.
Photo M. Frankenstein, um 1875.

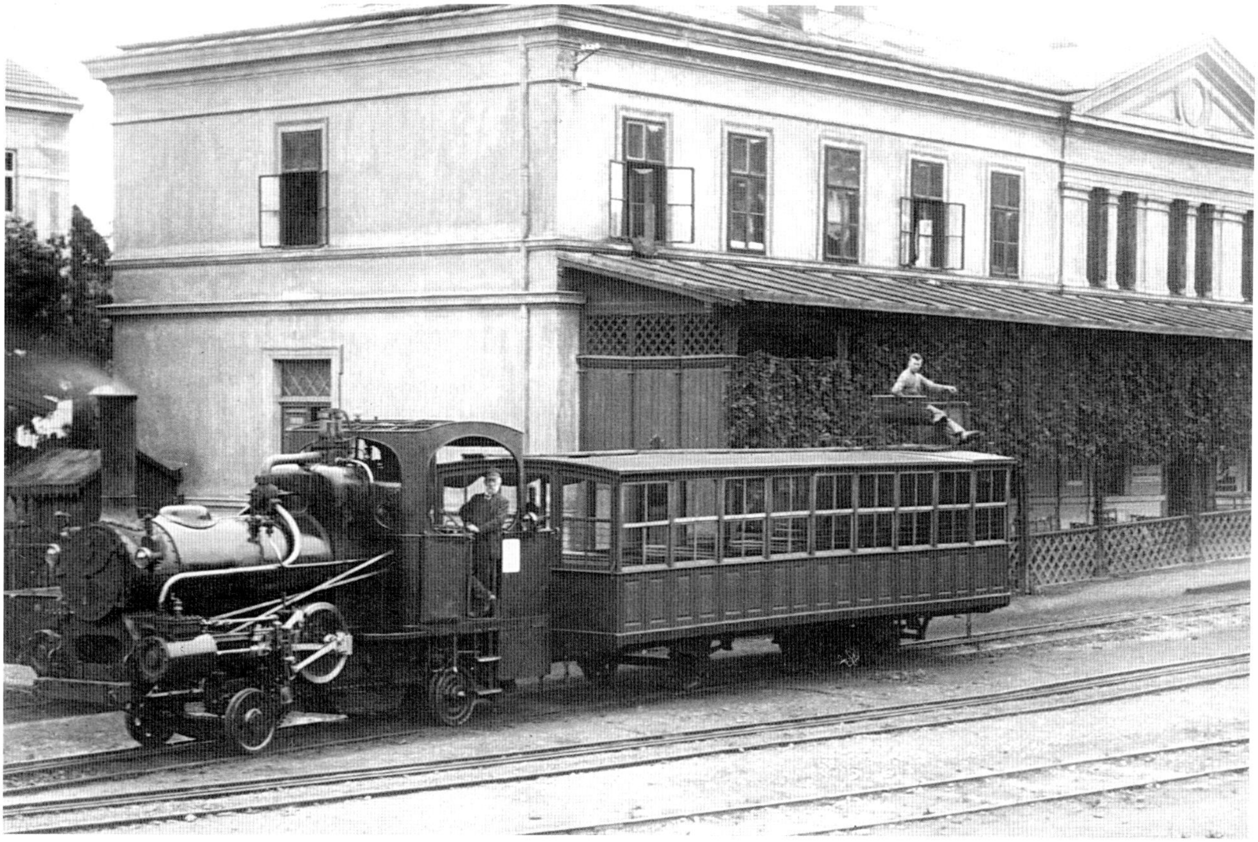

Zug der Kahlenbergbahn mit Lokomotive Nr. 5 vor dem Bahnhof Nußdorf.
Aus dem Bild wird deutlich, daß sich die Einstiege der Personenwagen nur auf der dem Bahnhof zugewandten Seite befanden.
Photo anonym, um 1900.

Das etwas unscharfe Bild (eine echte Betriebsaufnahme) zeigt einen Zug (zugelassene Höchstgeschwindigkeit ab 1874: 15 kmh) bei der Einfahrt in den Bahnhof Nußdorf.
Amateurphoto, um 1900.

Bahnhof Nußdorf mit dem Heizhaus für sechs Lokomotiven, der Wagenremise und der Reparatur-Werkstätte.
Photo anonym, um 1875.

Die Strecke oberhalb der Station Nußdorf.
Zwischen den Geleisen gut sichtbar die „Riggenbachsche Zahnstange“, in die die Zahnräder der Lokomotive und der Waggons eingriffen. Sie wurde von der Brigittenauer Eisengießerei Schimmelbusch geliefert. Schienen und Zahnstange lagen auf 2,4 m langen Schwellen, Haftsteine auf tiefen Fundamenten ca. alle hundert Meter verhinderten das Abrutschen des Oberbaues bergab.
Photo F. Pevellen, um 1910.

Die Strecke der Zahnradbahn, die doppelgleisig ausgelegt war, kurz vor der Einfahrt in den Bahnhof Nußdorf.
Im Hintergrund die Schlote der Brauerei.
Photo anonym, um 1910.

Zahnradbahn (Zug mit Lokomotive der Gruppe 3–6) unterhalb der Station Grinzing.
Blick Richtung Donau und Donaukanal, rechts im Hintergrund die Heiligenstädter Pfarrkirche, links Nußdorf.
Photo M. Frankenstein, um 1875.

„Talfahrt der Kahlenbergbahn vor dem Nußberg" – laut handschriftlichem Vermerk auf der Rückseite des Photos. Die Rauchfahne läßt allerdings vermuten, daß es sich um eine Bergfahrt handelte – mangels Drehscheiben in beiden Endstationen konnten die Lokomotiven nicht gewendet werden. Bergauf schoben sie, bergab zogen sie ihren Zug. Photo anonym, um 1900.

Brücke über die Kahlenberger Straße vor der Station Grinzing.
Das sorgfältig arrangierte Bild läßt vermuten, daß der Zug eigens für den Photographen gestellt wurde. Für diese Annahme spricht auch, daß der Personenwagen kaum besetzt ist.
Photo V. Angerer, 1889.

Trasse der Kahlenbergbahn vor der Station Grinzing, im Hintergrund der Friedhof.
Photo M. Frankenstein, um 1875.

Station Grinzing, Zug mit Lokomotive Nr. 1.
Photo C. Ledermann, 1897.

Zug mit zwei Personenwagen in den Weingärten unterhalb der Station Grinzing.
Links die Schlote der Brauerei Nußdorf.
Amateurphoto, um 1900.

Restauration und Café „Schweizerhof" vor der Station Grinzing.
Photo anonym, um 1880.

Zug der Kahlenbergbahn auf der Strecke mit einem der zwei Wasserwagen.
Sie waren 1876 in Dienst genommen worden, hatten ein Fassungsvermögen von 3 m^3 und versorgten aus einem eigenen Wasserreservoir bei der Bergstation das Hotel Kahlenberg.
Der Personenwagen hat I. und II. Klasse.
Photo anonym, um 1900.

GRINZING

Zug der Kahlenbergbahn mit zwei Personenwagen.
Photo anonym, um 1910.

Station Grinzing.
Lokomotive und Wagen wurden von sehr ungelenker Hand in das Photo hineinmontiert.
Photomontage von A. Rauschan, um 1910.

Stecke der Kahlenbergbahn vor der Bergstation.
Die gesamte Strecke der Kahlenbergbahn betrug 5,5 km, davon knapp 5 km doppelgeleisig.
Sie überwand 310 Höhenmeter in einer Fahrzeit von 45, ab 1874 30 Minuten.
Photo anonym, um 1900.

Station Krapfenwaldl. Auch hier wurde der Zug mit sichtlich geringer Sachkenntnis in das Photo einmontiert. Photo M. Sperling, um 1905.

Station Krapfenwaldl; Zug der Kahlenbergbahn. Noch eine Photomontage, von der nur gesagt werden kann, daß die Züge der Zahnradbahn garantiert nicht so ausgesehen haben. Photo A. Rauschan, um 1910.

Station Krapfenwaldl,
mit Wasserstation im
Hintergrund.
Photo M. Frankenstein,
um 1875.

Streckenarbeiter vor der
Station Krapfenwaldl.
Naturgemäß mußten vor
allem die Zahnstangen
regelmäßig kontrolliert
und gesäubert werden.
Neun Streckenwärter-
Häuschen standen an der
Strecke, die Verständigung
zwischen den Stationen
erfolgte per Morseapparat.
Photo H. Kölz, 1903.

Blick von der Station Krapfenwaldl
zum Kahlenberg.
Photo V. Angerer, 1889.

Zug der Kahlenbergbahn auf dem oberen Streckenteil.
Amateurphoto, um 1900.

Station Krapfenwaldl.
Amateurphoto, um 1905.

Zug der Kahlenbergbahn vor dem Kahlen- und dem Leopoldsberg.
Photo V. Angerer, 1889.

Neugierige Passagiere blicken aus dem Drei-Wagen-Zug in Richtung des Photographen.
Auch dieser Zug ist wahrscheinlich auf der Strecke für das Bild angehalten worden; ein Indiz dafür ist der fast senkrechte Rauch aus dem Schornstein der Lokomotive.
Photo anonym, um 1900.

Zug der Kahlenbergbahn mit einem Zisternen-, einem Personenwagen und der Lokomotive Nr. 4 hält oberhalb der Station Krapfenwaldl.
Der Bremser ist abgestiegen.
Er bediente von seinem Sitz am Waggon eine von der Lok unabhängige Spindelbremse, zum Lokführer hatte er eine Signalleine.
Photo anonym, um 1880.

Zug auf der Strecke, im Hintergrund der Kahlenberg.
Photo anonym, um 1910.

Lokomotive Nr. 6.
Photo M. Frankenstein um 1875.

Trasse der Kahlenbergbahn zwischen Krapfenwaldl und Kahlenberg.
Die Trasse benützt heute die Höhenstraße.
Photo J. Popper, um 1898.

Station Kahlenberg.
Von hier aus führte das 600 m lange, eingleisige Ergänzungsstück zum neuen Endbahnhof Kahlenberg, der 1876 eröffnet wurde.
Photo anonym, um 1880.

Aufgelassene Station Kahlenberg.
Einfahrt eines Zuges in die doppelgleisige Trasse Richtung Nußdorf.
Erst ab 17. 9. 1876 konnte das letzte, 600 m lange, eingleisige Teilstück bis zum Hotel Kahlenberg eröffnet werden. Die Drahtseilbahn-Gesellschaft, der das Hotel gehörte, hatte bisher den direkten Anschluß verhindert.
Die Schiebeweiche verblieb an Ort und Stelle und sorgte für den Übergang zur eingleisigen Schlußstrecke.
Photo V. Angerer, 1889.

Schiebebühne vor der Station Kahlenberg, bergseitig.
Photo V. Angerer, 1889.

Ferrotypie des Photoateliers Pretscher vis à vis dem Bahnhof am Kahlenberg in Souvenier-Etui mit Holzschnitt der Kahlenbergbahn, um 1890.

Stefaniewarte mit Photoatelier Pretsch.
Die Stefaniewarte (22 m hoch) wurde aus den Ziegeln des abgebrochenen Maschinenhauses der Standseilbahn auf den Leopoldsberg 1887 vom Architekturbüro Fellner und Helmer erbaut.
Photo V. Angerer, 1889.

K. K.
Taback Cigarren
VER KAUF
KARL PRETSCHER PHOTOGRAPH
Gruppenaufnahmen zum gleichen Preise
Eingang
KAHLENBERG
STEPHANIE-WARTE

Restaurant Kahlenberg.
Die Abfahrtszeiten der Kahlenbergbahn werden auf einem Plakat an der gläsernen Trennwand groß angezeigt.
Photo anonym, um 1910.

Ansicht des Kahlenbergs mit dem Hotel, das 1876 in den Besitz der Zahnradbahn-Gesellschaft kam.
Photo anonym, um 1890.

Postkarte mit dem Kahlenberg-Hotel, einem Zug der Zahnradbahn und der Stefaniewarte.
Photo anonym, um 1900.

DRAHTSEIL
STATION
OPOLDSBERG DRAHTSEILBAH

Franz-Josefs-Bahn, Station Leopoldsberg-Drahtseilbahn,
Zug mit Lokomotive Nr. 96, die nach der Übernahme durch die k.k. österreichische Staatsbahn 1884 die Reihennummer 35.46 erhielt. 1870 gebaut, erhielt die KFB eine eigene Station Leopoldsberg-Drahtseilbahn, die als Zubringer dienen sollte, aber vom Publikum verhältnismäßig wenig in Anspruch genommen wurde.
Photo V. Angerer, 1889.

Blick auf die Trasse der Drahtseilbahn vom jenseitigen Donauufer.
Die 725 Meter lange Strecke bis zur Elisabeth-Wiese zwischen Kahlen- und Leopoldsberg überwand mit 34% Steigung 300 Höhenmeter.
Photo A. Helm, 1873.

Maschinenhaus an der Bergstation mit der zweizylindrischen Hochdruck-Dampfmaschine mit 250 PS und zwei Seiltrommeln, je 6,9 m Durchmesser, Seilstärke 53 mm.
Photo A. Helm, 1873.

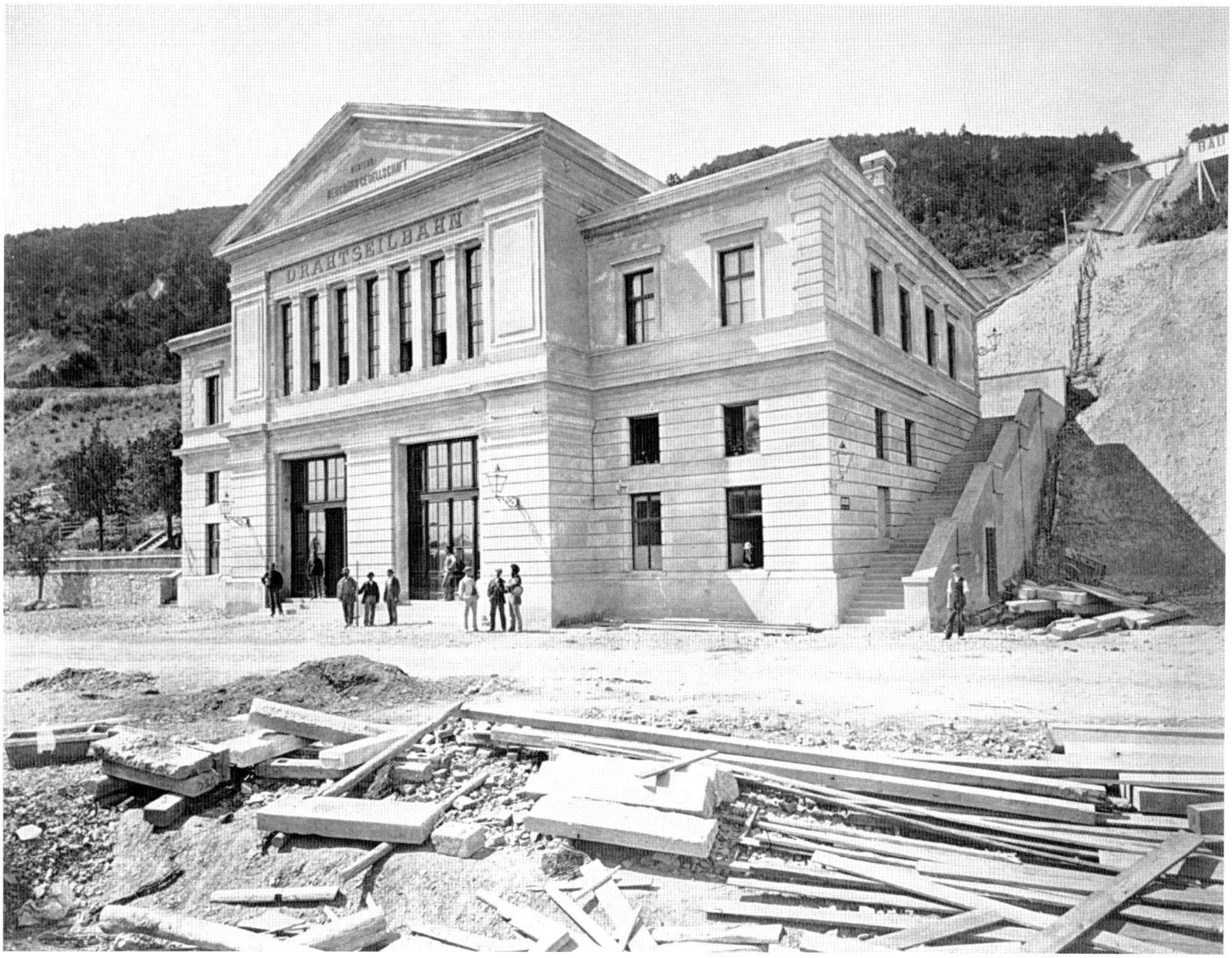

Talstation der Drahtseilbahn auf den Leopoldsberg.
Innerhalb des Stationsgebäudes befanden sich eine geräumige Kassenhalle,
eine prächtige Treppe in den 1. Stock mit dem Warteraum und natürlich einer Restauration.
Das Gebäude, später ein Winzerhof, wurde erst bei der Verbreiterung der Straße nach Klosterneuburg abgetragen.
Photo A. Helm, 1873.

Talstation der Drahtseilbahn auf den Leopoldsberg, dahinter die Donau.
Photo A. Helm, 1873.

Talstation der Drahtseilbahn mit Personen- und Wasserwagen, Blick bergwärts.
Photo A. Helm, 1873.

Bergstation der Drahtseilbahn am Leopoldsberg.
Die Klassenunterteilung bei dem Wagen ist deutlich zu sehen: vorne die I. Klasse (gelb) mit 24 Sitzen, dahinter die II. Klasse mit 26 Sitzen und im oberen Stock die III. Klasse mit 40 Plätzen.
Photo A. Helm, 1873.

Villa Schweizerhaus, Restaurant.
Photo A. Helm, 1873.

Hotel Kahlenberg.
Der Hotelkomplex, 1871–72 errichtet, kam 1876, nach dem wirtschaftlichen Ende der Drahtseilbahn, an die Kahlenberg-AG.
Photo M. Frankenstein, um 1875.

Hotel Kahlenberg, links die Kahlenberg-Kirche.
Photo A. Helm, 1873.

Aussichtsturm, Hotel Kahlenberg.
Photo A. Helm, 1873.

Kaffeeterrasse des Hotel-Restaurants Kahlenberg.
Photo A. Helm, 1873.

Die Drahtseilbahn auf die Sophienalpe, errichtet 1874 vom Industriellen und Lokomotivbauer Georg Sigl, auf seinem eigenen Grund. Die Talstation lag oberhalb der Rieglerhütte in Hütteldorf. Der Konstrukteur wollte mit dieser Urform des Schlepplifts eine im Vergleich zur Zahnradbahn billigere und energiesparende Bergbahn vorstellen. Sie warf sogar einen kleinen Gewinn ab, wurde aber 1881 eingestellt.
Holzstich nach einer Zeichnung von J. J. Kirchner.

Blick von der Bergstation der Drahtseilbahn auf die Sophienalpe und das Restaurant.
Das Gebäude der Restauration hatte Georg Sigl von der Weltausstellung erworben und hier aufstellen lassen.
Photo M. Frankenstein, 1875.

Die Bergstation der Drahtseilbahn auf die Sophienalpe.
Links davon das Maschinenhaus mit zwei ortsfesten Dampfmaschinen,
die über ein Zugseil die zwölf offenen Wagen zogen.
Photo M. Frankenstein, 1875.

Blick von der Bergstation der Drahtseilbahn auf die Sophienalpe talwärts.
Gut erkennbar das zwischen den Geleisen auf Rollen laufende Zugseil, an dem an Knöpfen (daher Knöpferlbahn) die je sechs offenen Wagen (bergauf und bergab) angehängt waren.
Photo M. Frankenstein, 1875.

Blick von der Talstation bergwärts.
Photo M. Frankenstein, 1875.

Der Talstation der Sophienalpe-Drahtseilbahn; Links die Einsteigstelle für die Bergfahrt.
An das Zugseil wurden die Wagen mit der zwischen den Rädern erkennbaren Klammer angehängt, die sich am Ende der Talfahrt durch die Vorrichtung rechts selbsttätig löste.
Photo M. Frankenstein, 1875.

Die Wagen waren nach dem Vorbild offener Fiaker gebaut und offensichtlich nur für Schönwetter-Betrieb geeignet.
Trotz der Fahrgeschwindigkeit von 5 Fuß pro Sekunde (ca. 5,4 kmh) wurde ein Wagen mit Passagier für den Photographen mit Bremsklötzen „ruhig" gestellt.
Photo M. Frankenstein, 1875.

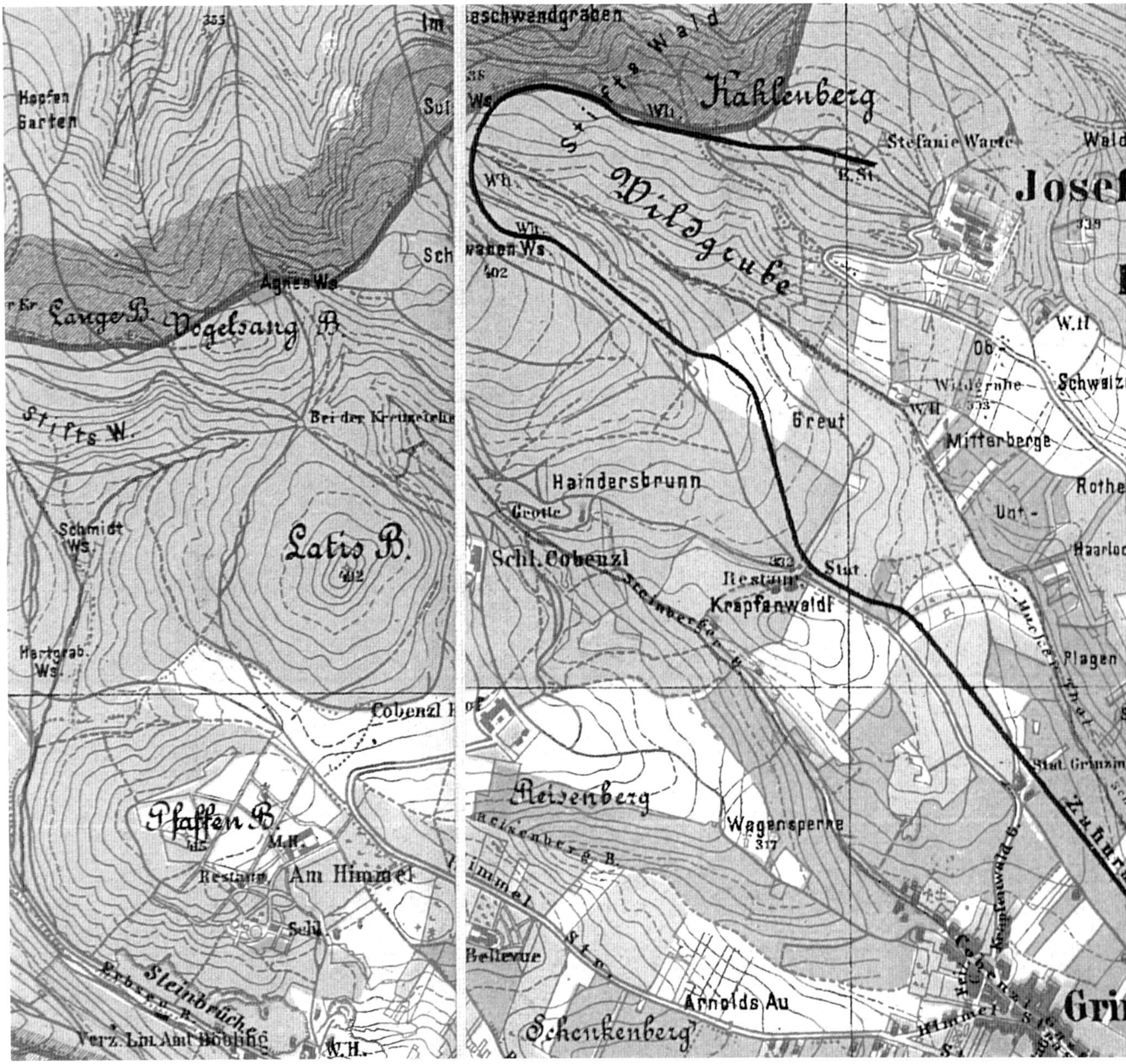

Streckenplan der Zahnradbahn auf den Kahlenberg.
Aus: Plan von Wien, v. A. Loos 1901.

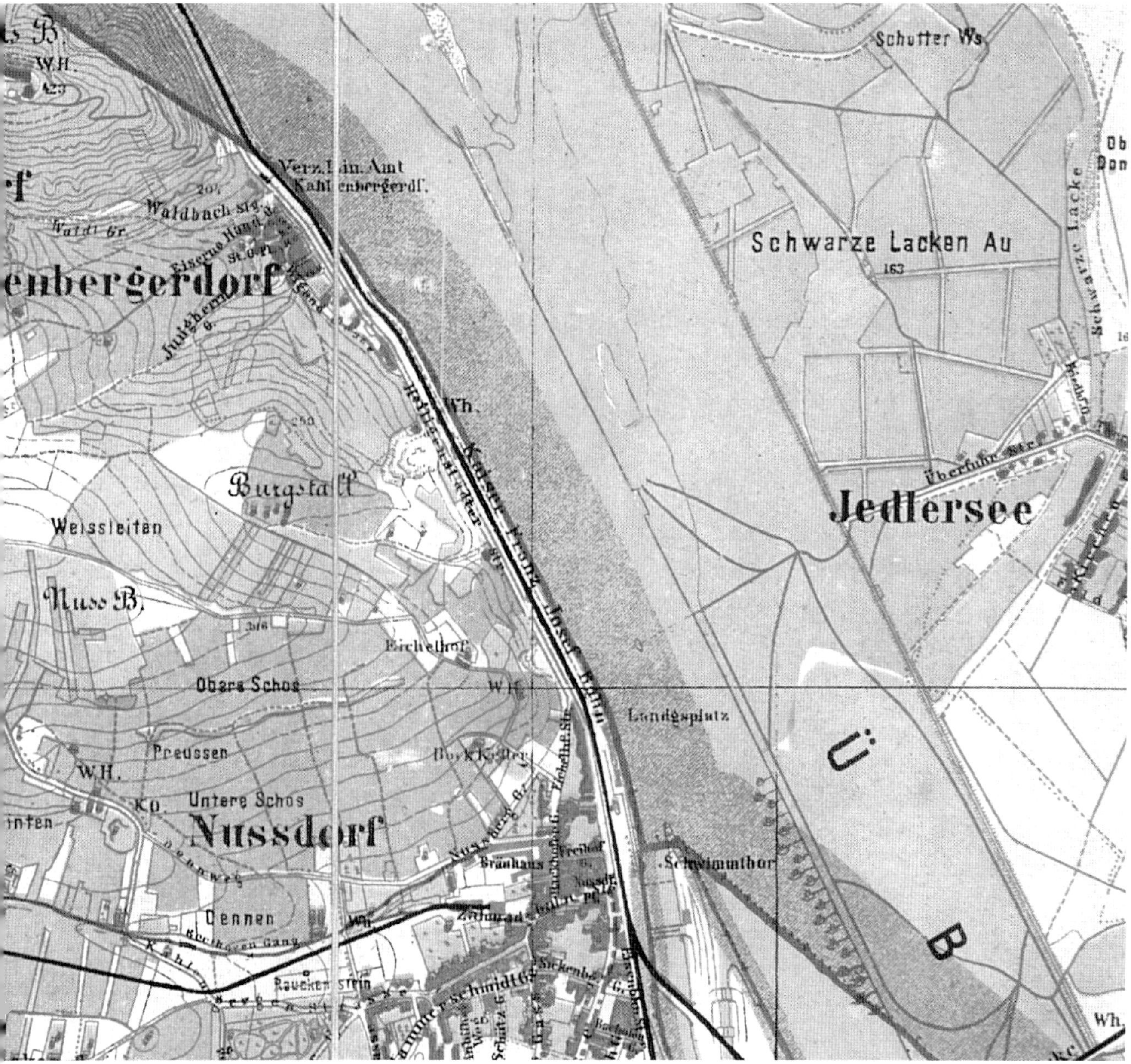
Schutter Ws.
Verz.Lin.Amt
Kahlenbergerdf.
Waldbach Stg.
Eiserne Hand
enbergerdorf
Schwarze Lacken Au
163
Schwarze Lacke
Wh.
Burgstall
Weissleiten
Jedlersee
Nuss B.
Eichelhof
Obere Schos
Landgsplatz
Preussen
Ü
W.H.
Untere Schos
Nussdorf
Bräuhaus
Schwimmthor
Dennen
B
Rauchenstein
Wh.

KAHLENBERG.

ZAHNRADBAHN.

Fahrplan

giltig vom 10. April 1898 bis auf Weiteres.

Kronprinzessin Stephanie-Warte.

Die Kronprinzessin Stephanie-Warte auf dem Kahlenberge bietet eine vollständige, circa 20.000 □ Kilometer umfassende Rundschau, die über das Kronland Nieder-Oesterreich hinaus nach Steiermark (Rax, Schneealpe, Hochschwab), nach Ungarn (kleine Karpathen) und nach Mähren (mähr.-ung. Grenzgeb. Polauer Berge) reicht.

Titelseite des Fahrplans der Kahlenbergbahn, Sommer 1899.

ZUR PHOTOGRAPHISCHEN DOKUMENTATION DER WIENER BERGBAHNEN

Der Großteil der uns heute überlieferten historischen Photographien wurde von drei Photographen aufgenommen:

Michael Frankenstein (1843–1918), Wiener Architektur- und Landschaftsphotograph, publizierte um 1865–80 umfangreiche Serien von Ansichten aus Wien und Umgebung, auch von der Wiener Weltausstellung 1873. Die Aufnahmen von der Kahlenbergbahn und der Bahn auf die Sophienalpe sind 1874/75 entstanden.

Amand Helm (geb. 1831) veröffentlichte in seinem eigenen Kunstverlag vor allem Ansichten von Donaulandschaften und Bahnstrecken. Die Photos der gerade erst fertiggestellten Betriebsanlagen und Bauten der Standseilbahn auf den Leopoldsberg wurden in Frühsommer 1873 aufgenommen, um sie noch auf der Weltausstellung zeigen und verkaufen zu können.

Viktor Angerer (1839–94) wurde vor allem für seine künstlerisch bedeutenden Landschaftsansichten bekannt. Im Jahr 1889 wurde er mit seinen Aufnahmen belebter Wiener Straßenszenen zu einem Pionier der Momentphotographie. Für die Photoserie der Kahlenbergbahn wurde eine eigene Fahrt arrangiert, um die Photos besonders sorgfältig und künstlerisch gestalten zu können. Einige Photos wurden ab 1897 von Wiener Postkartenverlagen in ihr Programm aufgenommen, ohne Angerer als Urheber anzugeben.